¡Troncón!

¿Quién necesita un árbol marchito?

por Mary Holland

¿Alguna vez has escuchado sobre los troncones?

A un árbol marchito o en proceso de secado se le llama troncón. Puede estar en el agua o sobre tierra.

Cuando un árbol se marchita, pierde su corteza y hojas.

Los troncones son una parte importante de la naturaleza de la que dependen muchos animales.

Todo tipo de animales usan troncones. Construyen nidos y crían a sus pequeños en ellos. Descansan. Almacenan comida. Se refugian de la nieve, viento y lluvia en su interior. Algunos animales incluso usan troncones para ocultarse de depredadores.

Esta garcita verdosa sobre un troncón está buscando peces o ranas para alimentarse.

Los halcones, garzas, águilas y búhos usan troncones altos para posicionarse cuando están cazando. Puede ver ratones, topillos, peces y otras presas desde las alturas.

Las águilas calvas tienen una excelente vista y pueden ver muy bien en distancias de hasta una milla.

Los insectos, musgos, líquenes y hongos pueden encontrarse dentro o sobre troncones. Proveen una gran variedad de alimentos para animales.

Muchos insectos ponen sus huevos en árboles marchitos. Cuando un huevo de insecto eclosiona, los insectos jóvenes (larvas) viven dentro del árbol hasta que desarrollan sus alas y aprenden a volar.

Las aves que comen insectos, tal y como este trepador de pecho rojo, cavan hacia el interior de los troncones con sus picos fuertes para comer larvas.

Los pájaros carpinteros anidan en el interior de árboles y troncones. Cavan agujeros con sus picos fuertes. Crían a sus polluelos dentro de agujeros en los árboles para protegerlos del clima.

Este pequeño carpintero crestado mirando fuera de su nido está a punto de volar y dejar su hogar (salir del nido).

Las aves no son los únicos animales que anidan en troncones. Cuando una rama se cae de un árbol generalmente deja un agujero grande. Los mapaches usan estos agujeros como nidos. Algunas veces los agujeros son lo suficientemente grandes para que viva una familia de seis o más mapaches.

Los puercoespines también usan troncones como guarida. También se refugian en pilas de rocas o árboles vivos. Los puercoespines generalmente usan sus guaridas durante el invierno para protegerse de nieve y viento.

Los animales usualmente buscan refugio dentro de troncones huecos.

Las ardillas voladoras están activas durante la noche (nocturnas), por lo que no las vemos muy seguido. Planean de árbol en árbol en búsqueda de semillas, nueces, frutas y hongos para comer. Y pasan el día durmiendo dentro de troncones.

Al igual que las ardillas voladoras, los murciélagos también se refugian en troncones durante el día. Duermen (descansan) detrás de corteza suelta o en el centro hueco del trocón para protegerse del clima y depredadores.

Algunos murciélagos hibernan dentro de troncones durante el invierno.

Mientras un árbol se descompone, su parte interna, se transforma en aserrín. Los ratones, topillos, caracoles, babosas, arañas, escarabajos y muchas otras criaturas viven dentro de madera en descomposición.

Las culebras, como esta serpiente thamnophis, buscan alimentos dentro de troncones. Y también suelen poner sus huevos dentro de troncones en descomposición. El aserrín mantiene templados a los huevos.

El interior de los troncos es sombreado y húmedo. Este es un buen lugar para que vivan insectos y gusanos.

Las salamandras, como esta salamandra de espalda roja oriental, a menudo se pueden encontrar dentro de árboles secos en busca de insectos para comer.

Las ramas de los troncones son soleadas ya que no tienen hojas para dar sombra. Estas ramas son un lugar perfecto para que las aves se sienten y descansen.

Estos buitres americanos cabecirrojos están encaramados sobre un troncón. Extienden las alas para secar sus plumas y calentar su cuerpo.

Los guardabosques tienden a llamar a los troncones "árboles para vida silvestre". Algunas veces los tronconecs tienen más vida silvestre que los árboles vivos, tal y como este búho megascops que vive en un troncón.

Piensa en los troncones como si fueran edificios de apartamentos. Las salamandras, babosas, arañas, serpientes y diferentes tipos de aves y mamíferos pueden encontrar comida y criar a sus familias en un troncón.

Los troncones no deben ser cortados, ya que son muy importantes para un montón de animales. Aunque no están vivos, igualmente proporcionan un hogar, alimentos y seguridad a muchísimos animales.

Para las mentes creativas

Agujeros de alimentos y nidos del carpintero crestado

Los carpinteros crestados cavan agujeros en troncones para encontrar hormigas, escarabajos y otros insectos para comer. Estos agujeros generalmente son más largos que anchos.

También cavan hoyos para hacer sus nidos. Estos agujeros usualmente son redondos.

¿Puedes encontrar uno de cada tipo de agujero en el troncón de la izquierda?

Aves y troncones: ¿Sabías qué...?

Las aves que comen insectos, y algunas especies como los pájaros carpinteros y los trepadores, dependen bastante de los troncones como fuente de alimentos. Estas aves ayudan a controlar pestes molestas de insectos.

Más de 85 especies de aves norteamericanas usan cavidades en árboles marchitos o en deterioro.

Todos los pájaros carpinteros ponen huevos blancos. Pero como están escondidos en el interior de los árboles, no es necesario utilizar camuflaje para ocultarlos.

A diferencia de otras aves, las aves que anidan en cavidades tienden a reproducirse antes en la primavera. Sus huevos están bien protegidos del frío, nieve y lluvia.

Hay dos tipos de aves que anidan en cavidades: primarias y secundarias. Las primarias, incluyendo a los pájaros carpinteros, excavan sus propias cavidades. Las secundarias no excavan sus propias cavidades, sino que usan unas que ya han sido excavadas por las primarias.

¿Cuáles animales usan troncones?

Los árboles marchitos son el hábitat de más de 1000 especies silvestres en los Estados Unidos. ¿Cuáles de estos animales encuentran comida, refugio o un lugar de descanso en troncones?

larva de escarabajo

comadreja de cola larga

salamandra

aguililla cola roja

abejas de miel

araña

osos negros

búhos barrados

patos joyuyos

Respuestas:todos

¿Cómo podrían usar troncones estos animales?

Los animales pueden usar troncones por diferentes razones. ¿Cómo crees que estos animales usan troncones?

anidar	instalarse (dormir)	posarse (descansar)
hibernar	ocultarse	encontrar comida

búho megascops

avispón cariblanco

cormorán orejudo

ardilla listada del este

mariposa antíope

araña

Posibles respuestas: Búho megascops-instalarse (dormir), anidar, posarse (descansar); avispón cariblanco-hibernar; cormorán orejudo-posarse (descansar), instalarse (dormir); ardilla listada del este-ocultarse, encontrar comida; mariposa antíope-hibernar; araña-hibernar, encontrar comida.

Nidos en troncones

Muchos animales anidan en troncones, incluyendo golondrinas, garzas, búhos e incluso patos.

Un pato hembra puso sus huevos en el interior de este troncón. Se sienta sobre estos para mantenerlos cálidos hasta que eclosionen.

Los patitos deben saltar fuera del trocón (salir del nido) cuando sean lo suficiente mayores para acompañar a su madre.

Si el troncón está en el agua, los patitos aterrizan sobre esta cuando saltan.

Si el troncón está en el bosque los patitos rebotan como pelotas de tenis sobre el suelo al momento de aterrizar, y luego siguen a su madre hasta por una milla para encontrar agua.

¿Verdadero o falso?

1. Los árboles marchitos pueden proveer hábitats para vida silvestre en comparación con los que están vivos.

2. En total, más de 100 especies de aves, mamíferos, reptiles y anfibios necesitan troncones para anidar, descansar, refugiarse, guarecerse y alimentarse.

3. Los troncones huecos son muy valiosos durante el invierno, ya que son utilizados por muchas especies como las ardillas, mapaches, búhos y osos para guarecerse y descansar.

4. Muchos troncones se forman cuando los árboles se rompen durante tormentas de viento fuertes.

Respuestas: todas son verdaderas

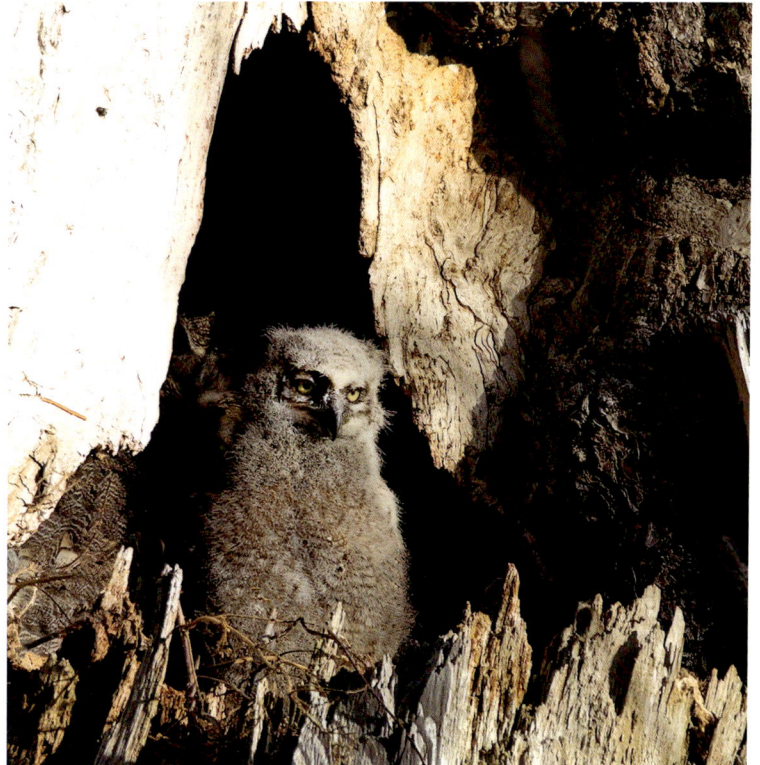

A todos los propietarios de tierras que se esfuerzan por mejorar el hábitat de la vida silvestre preservando los árboles secos en sus propiedades.— MH

Library of Congress Cataloging-in-Publication Data

Names: Holland, Mary, 1946- author. | De la Torre, Alejandra, translator. |
   Miranda, Javier Camacho, translator.
Title: ¡Troncón! : ¿quién necesita un árbol marchito? / por Mary Holland
   ; traducido por Alejandra de la Torre y Javier Camacho Miranda.
Other titles: Snag it. Spanish
Description: Mt. Pleasant, SC : Arbordale Publishing, 2025. | Includes
   bibliographical references.
Identifiers: LCCN 2024039046 (print) | LCCN 2024039047 (ebook) | ISBN
   9781638173441 (trade paperback) | ISBN 9781638173304 (dual language) |
   ISBN 9781638173564 (epub) | ISBN 9781638173625 (pdf)
Subjects: LCSH: Snags (Forestry)--Juvenile literature. | Forest
   ecology--Juvenile literature. | Forest animals--Juvenile literature. |
   CYAC: Dead trees. | Forest animals. | Forest ecology. | LCGFT: Picture
   books.
Classification: LCC QH541.5.F6 H6518 2025 (print) | LCC QH541.5.F6
   (ebook) | DDC 577.3--dc23/eng/20241118
LC record available at https://lccn.loc.gov/2024039046
LC ebook record available at https://lccn.loc.gov/2024039047

Este libro también está disponible en inglés:
Snag It: Who Needs a Dead Tree?
English paperback ISBN: 9781638173267
English ePub ISBN: 9781638173342
English PDF ebook ISBN: 9781638173380
Una lectura bilingüe está disponible en línea en www.fathomreads.com. ISBN: 9781638173304

Nivel de Lexile® 800L

Bibliografía:
Holland, Mary. Naturally Curious: A Photographic Field Guide and Month-by-Month Journey through the Fields,
   Woods, and Marshes of New England. Second Edition. Trafalgar Square Books. North Pomfret, VT, 2019.
   Winner, National Outdoor Book Award.

Impreso en los EE.UU.
Este producto se ajusta al CPSIA 2008

Arbordale Publishing
Mt. Pleasant, SC 29464
www.ArbordalePublishing.com